SPACE STATION
ACADEMY

太空学院
水星奇遇

[英] **萨利·斯普林特** 著

[英] **马克·罗孚** 绘　　**罗乔音** 译

中信出版集团 | 北京

图书在版编目（CIP）数据

水星奇遇 ／（英）萨利·斯普林特著 ；罗乔音译 ；
（英）马克·罗孚绘 . -- 北京 ：中信出版社，2025.1.
（太空学院）. -- ISBN 978-7-5217-7219-7

Ⅰ . P185.1-49

中国国家版本馆 CIP 数据核字第 2024ZS0009 号

Space Station Academy: Destination Mercury

First published in Great Britain in 2023 by Wayland

© Hodder and Stoughton Limited, 2023

Editor: Paul Rockett

Design and illustration: Mark Ruffle

Simplified Chinese translation copyright © 2025 by CITIC Press Corporation

ALL RIGHTS RESERVED

水星奇遇
（太空学院）

著　者：[英]萨利·斯普林特
绘　者：[英]马克·罗孚
译　者：罗乔音
出版发行：中信出版集团股份有限公司
　　　　　（北京市朝阳区东三环北路 27 号嘉铭中心　邮编　100020）
承　印　者：北京瑞禾彩色印刷有限公司

开　　本：787mm×1092mm　1/16　　印　张：24　　字　　数：960 千字
版　　次：2025 年 1 月第 1 版　　印　　次：2025 年 1 月第 1 次印刷
京权图字：01-2024-3958
书　　号：ISBN 978-7-5217-7219-7
定　　价：148.00 元（全 12 册）

图书策划　巨眼
策划编辑　陈瑜
责任编辑　王琳
营　　销　中信童书营销中心
装帧设计　李然

目录

本书人物

波特博士

莎拉

麦克

星

莫莫

乐迪

目的地：水星

欢迎大家来到神奇的星际学校——太空学院！在这里，我们将带大家一起遨游太空。快登上空间站飞船，和我一起学习太阳系的知识吧！

今天，太空学院正靠近水星。不过，同学们，先别激动，有快递来了，人人有份。

我收到了新磁力轮！装上这个后可以在任何星球上自由活动，不管引力有多弱，都不会飘走。今天我们去水星实地考察，我就可以用上它！

太好啦！我收到了爆米花，还有糖，我们可以一起吃！

教室里。

你们对水星了解多少？

水星没有卫星。

水星体积很小，是太阳系体积最小的行星。

它的直径约为 4 879 千米，大约是地球的 1/3，相对而言更接近月球。

地球

月球

水星

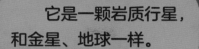
它是一颗岩质行星，
和金星、地球一样。

水星是太阳系中离太阳最近的行
星，从地球上很难观察到，因为它的周
围过于明亮。
因为它离太阳很近，我的新墨镜或
许就可以派上用场啦！

同学们说得都不错！
现在，戴上太空护目镜，
我们去水星吧！

5

水星在那儿！它公转的速度好快。

水星是太阳系公转速度最快的行星，速度可达每秒 47.87 千米。

水星绕太阳转一圈只需 88 天，而地球需要 365.25 天。

想象一下，在一个地球年里，我们能在水星过 4 次生日！

我们要赶紧追上水星。如果你们大声欢呼，太空飞机会飞得更快哟！

这里好安静啊。

看，太阳好大呀！
还记得吗，水星是离太阳最近的行星。所以，我们在水星上看的太阳，是在地球上看到的 2.5 倍大。

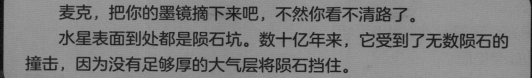

麦克，把你的墨镜摘下来吧，不然你看不清路了。

水星表面到处都是陨石坑。数十亿年来，它受到了无数陨石的撞击，因为没有足够厚的大气层将陨石挡住。

我们可以用我的电话手表和波特博士说话。

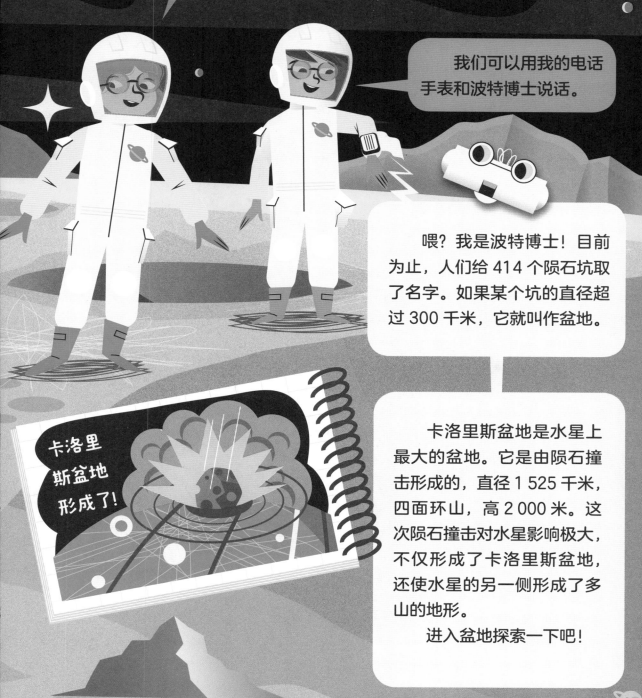

喂？我是波特博士！目前为止，人们给 414 个陨石坑取了名字。如果某个坑的直径超过 300 千米，它就叫作盆地。

卡洛里斯盆地形成了！

卡洛里斯盆地是水星上最大的盆地。它是由陨石撞击形成的，直径 1 525 千米，四面环山，高 2 000 米。这次陨石撞击对水星影响极大，不仅形成了卡洛里斯盆地，还使水星的另一侧形成了多山的地形。

进入盆地探索一下吧！

17

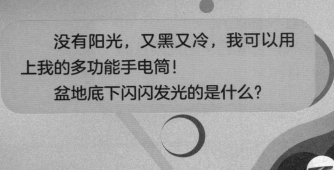

没有阳光，又黑又冷，我可以用
上我的多功能手电筒！
盆地底下闪闪发光的是什么？

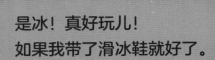

是冰！真好玩儿！
如果我带了滑冰鞋就好了。

哦，真棒，你们发现了冰！水星的某些陨石坑里确实有冰，因为那里黑暗又寒冷，太阳的光和热到不了那里。

想想看，多大的一颗陨石才能砸出这么大的陨石坑啊，太神奇了。那颗陨石去哪儿了？

那次撞击让陨石变成了一大团尘埃。然后，尘埃落在水星表面的岩石上，成了地表景观的一部分。

该走了！回太空飞机吧，同学们！

我们得快点儿走！水星上的温度太高，再不走飞船就要被烤化了！

好的，莫莫！我们马上就来。

可波特博士动不了，怎么办？

可以用我的螺丝刀！这个奇妙多功能工具真是……

我的新墨镜也和"信使号"一样被晒弯了！

看那边！另一颗陨石马上就要砸下来，创造出新的陨石坑了！轰隆！

信 使 号

大家回到了太空学院。波特博士打算在网上买新磁力轮。

太空学院的课外活动

太空学院的同学们参观了水星之后，产生了很多新奇的想法，想要探索更多事物。你愿意加入他们吗？

波特博士的实验

水星上到处都是陨石砸出的坑。试着自己造一个吧。你可能得在室外尝试。

材料

· 浅托盘
· 面粉或玉米淀粉或沙子
· 可可粉
· 石头、贝壳、玻璃弹珠，
  这些都是你的陨石

方法

用面粉或沙子铺满浅托盘，然后轻轻晃一晃，让面粉或沙子变平整。在面粉或沙子上面撒一层薄薄的可可粉，行星的表面就做好了。

把你准备的陨石（石头、贝壳、玻璃弹珠）一个一个扔到上面，再小心地把它们移开，陨石坑就露出来了。

观察与思考

当你砸下陨石时，观察一下发生了什么。

石头、贝壳、玻璃弹珠，哪个砸出的陨石坑最好看？为你的行星表面画一幅地图吧，然后给最好看的陨石坑取个名字。

更多可能

试试看，用很轻或很重的物体砸出一个陨石坑。如果你的陨石是一个冰块，结果会怎样？如果同样的物体从更高的高度落下，形成的陨石坑会有什么不同？

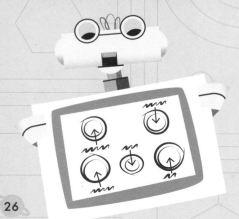

麦克了解的水星小知识

你知道吗，水星其实正在变小！水星的铁镍核不断冷却，使这颗行星逐渐收缩，表面产生褶皱。水星暂时不会消失，在 40 亿年的时间内，它的直径才减少了 14 千米。你还知道其他关于水星的有趣的知识吗？

乐迪的收藏

和乐迪一样，收藏一些好看的石头吧！水星表面的岩石叫作火成岩，也就是岩浆冷却后形成的石头。你能认出生活中看到的不同的石头吗？你知道它们是怎么形成的吗？

星的水星数学题

地球上的一年相当于水星上的 4 年，所以，你在水星每年可以过 4 个生日。你能算一算，他们在水星都几岁了吗？

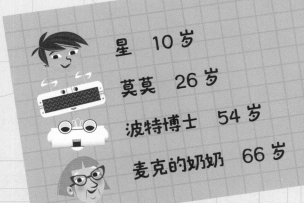

星　10 岁

莫莫　26 岁

波特博士　54 岁

麦克的奶奶　66 岁

莎拉的水星图片展览

我有几张特别好看的水星照片，快来看看吧！

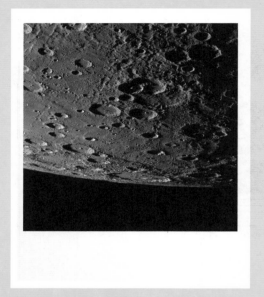

这是水星正在绕太阳公转的照片。你能找到水星在哪儿吗？

你能数一数，水星上的这一小块区域中有多少陨石坑吗？

莫莫的调研项目

请查一查资料，看看以前有哪些探测水星的项目？未来还会有哪些？你能查到探测器飞往水星的路线吗？这些探测项目遇到了什么困难？未来可能会发现什么？

"信使号"飞往水星的路线

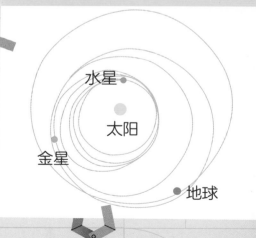

水星

太阳

金星

地球

这是水星上最大的陨石坑——卡洛里斯盆地。

这张照片里，水星上有好几种颜色。不同的颜色代表着表面不同的地形、矿物质和化学物质。

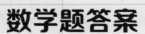

数学题答案

星 40 岁，莫莫 104 岁，波特博士 216 岁，麦克的奶奶 264 岁。

词语表

磁力：一种自然力，能使物体相互吸引或相互排斥。

大气层：环绕行星或卫星的一层气体。

轨道：本书中指天体运行的轨道，即绕恒星或行星旋转的轨迹。

太阳系：由太阳以及一系列绕太阳转的天体构成。

体积：物体占用空间的大小。

卫星：围绕行星运转的天然天体。

引力：将一个物体拉向另一个物体的力。

陨石：落在行星、卫星等表面的、来自太空的固体物质。

陨石坑：天体（比如月球）表面由小天体撞击而产生的巨大的、碗状的坑。

直径：通过圆心或球心且两端都在圆周或球面上的线段。